U0005261

colors

Kyoko Kikuchi

菊 池 京 子

穿 顏 色：
日本時尚總監教妳最IN穿搭配色學

陳怡君◎譯

任何顏色都有自己的情緒。

Twelve colors, Twelve feelings

挑選服裝時，心裡總要堅持一個大原則就是：

保有真實的自己。

開心時就要是開心的樣了，

傷心時就展露出傷心的模樣，

早上隨興抓起的一件衣服，或者是

突然很想做什麼打扮，

都是我最好的靈感來源。

想以什麼樣的女人姿態來度過今天呢？

和每種顏色對話，

然後從衣櫥裡挑選衣服。

在內心勾勒出當天穿搭的輪廓……是我一天當中最喜愛的時刻。

嗯，今天，要怎麼穿搭好呢？

c o n t e n t s

black

gray

融入萬物　合而為一

Gray：平凡的日子

在平凡的日子裡，
特別想讓自己歸零、回到原本的姿態。
融入街景，融入人潮，融入整個氛圍裡，
自然地融入萬物、合而為一的灰色，
讓穿衣者的內心以最不造作的樣貌呈現。
穿上灰色的衣服，讓自己回復素顏的模樣，
抬頭挺胸地宣示：
「這就是我」。

堅持白×灰的配色，
在公園路的行人穿越道上
展開清晨的拍攝工作。

拍攝「大衣」主題時的一個畫面。
以運動風方式呈現
屬於成熟大人的灰色，
卻不失女性風情。

這件針織外套實在太可愛，
我記得當時腦袋裡倏地便跳出：
真想給模特兒TINA穿的想法！

拜這一頁之所賜，
有不少非熟客的成人女性
紛紛來到north face門市購買登山外套。
聽聞這段軼事的我真是開心極了。

偶爾想穿在身上 ...... p i n k

Pink：清新

在方才下過雨的街道拍攝粉紅色特集時，
粉紅色服裝彷彿花朵一般，
生氣蓬勃地綻放在閃著銀光的濕潤馬路上，
我記得當天拍攝了好多棒極了的照片。
粉紅色之所以成為萬人迷，
也許是那清新且充滿生機的生命力，
讓人自然而然被她吸引吧。
偶爾，信手拈來穿在身上，
心情馬上就像被水滋潤過了一般，愉悅而開心。
有時候，她也像是個堅強盟友，
溫柔的守護在妳身旁。
希望所有人都能永遠記住，
她那清純無瑕的可愛模樣。

粉紅╳工作褲，
我心目中的完美搭擋。

讓心情突然雀躍起來的嫩粉紅，
也是偶爾會讓人想要穿上她的顏色。

雨方歇的表參道。
在閃著銀光的地面上，粉紅色特別顯眼。

比起以往服裝更顯保守系路線的TINA，
於《Marisol》連載第一年時的畫面。
完全就是可以拿來當
「令人心情雀躍的粉紅色」主題無誤。

搭配牛仔褲，
粉紅色瞬時換上了復古的表情。
絲質背心深得
周遭男士們的大好評。
看來，男人都抗拒不了
閃閃發亮的東西呢？

清新且充滿活力的顏色，淡淡的復古風又顯得風情萬種。
丹寧與粉紅色的搭配性極佳。

navy

享受與時間
一起流動的樂趣

Navy：韻味

隨著時光的流轉，衣服漸漸化成自己的一部分，
氛圍凝聚成型，韻味也就出來了。
不論是剛剛買下，或者在 5 年、10 年之後，
都能欣賞它在各個時期的獨特風采。
深藍，一種具有蛻變能力的顏色。

請模特兒在銀座街頭跑了好幾次才拍到的，
奇蹟般的畫面。

這張是拍攝「外套」主題時，
因為很想搭配連身洋裝所做的造型。
結果變成一身全是深藍色了。

這是商借場地時偶然在青山發現的攝影場景。
後來才聽屋主說，這些紅磚全都是
特地遠從義大利飄洋過海運來的！
好東西才有辦法營造出這樣的氛圍。
相片也確實抓住了這股氣氛，真是太有趣了。
連攝影師前田也著迷了呢。

正統的復古風。
不知道為什麼，我一直偏好這種造型。
從十幾歲開始就這樣穿，
十幾年後我還是會持續這種打扮吧。

r e d

想穿得戲劇化一點時

Red：安娜・卡麗娜（Anna Karina）

是哪一部電影呢？

安娜身穿紅色針織衫，

臉上化著有濃烈眼線、令人驚艷的妝容，

真是太可愛了。

這個印象實在太深刻，

後來只要一提到紅色，我就想到安娜。

偶爾也會想要模仿她

盤起的髮型與驚人彩妝所營造的微妙平衡感……

以眼線膠與眼線筆上妝，

頭髮隨興地往上紮。

只是早上通常都沒什麼時間，大多中途便放棄了（笑）。

這是我的老朋友，
模特兒內田娜娜。
一穿上服裝，
馬上就能融入衣服營造的氛圍，
是相當令人放心的模特兒。
對我來說，
「穿著時的氛圍」非常重要。
娜娜將感受到的氛圍
展現出來的表情與情緒遠超出我的想像，
甚至還多注入了一股力量。
這張照片同樣能讓人感受到這種化學變化。

夏日長假。
想像自己身在泳池畔露台的造型。

帥氣、力量…

yellow

Yellow：光芒

我曾經見識過服裝的力量與模特兒的心靈兩相同步時的瞬間。

相機裡，

模特兒一展露出自信，

表情、走路的姿態也跟著改變、霎時與身上的服裝人衣合一，

就是這個瞬間。

沒有自信的人是撐不起黃色的。

借助色彩之前，一定要先擁有駕馭它的力量。

因此，我覺得她是一種不矯情、意氣風發的色彩。

穿在自信滿滿的人身上便能散發出萬丈光芒，

比衣服本身更加耀眼，彷彿太陽。

想走復古風，

還是小露一下女性風情？

想要黃色上身，

請先準備好一顆不造作、瀟灑的心吧。

髮型師ＴＡＫＥ小姐高雅自然的髮型。
舉手投足的瞬間，
些微凌亂的髮絲舞動的模樣真是帥氣，
根本就是我夢寐以求的髮型啊！

凱撒琳・丹尼芙風格的
復古高領衫×千鳥紋。

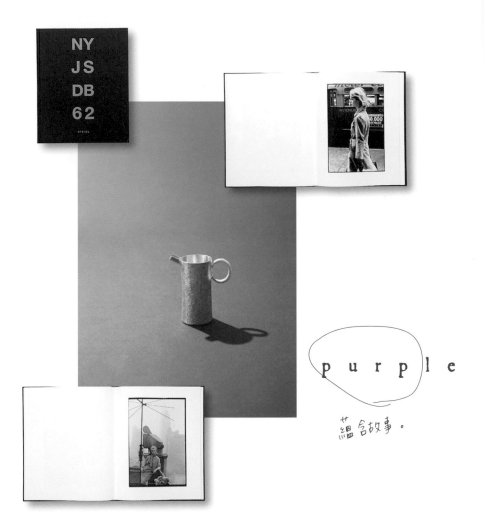

NY
JS
DB
62

purple

編台故事。

Purple：氣質

就像是一條路直通到底的巴黎鐵塔。

日本的話，就好比是京都的老店吧。

店裡沁人的冷空氣，

以及具有歷史與傳統的商品們。

紫色的氣味，

讓我聯想到這樣的風景。

融入日常生活中的氣質，

靜靜醞釀出獨有的光環。

令人嚮往的顏色。

超完美的紫色MACKINTOSH風衣
讓人一眼就愛上。
即使是男性,也可以這樣搭配。

這個造型主要是
想將彩色絲襪融入復古風中。

black

奧黛莉‧赫本的套頭毛衣 × 九分褲。
一輩子最愛。

Twelve colors, Twelve feelings

Black：時尚

在米蘭遇見的一位白髮女士，
全身上下唯一的珠寶就只有
從黑色軟呢外套袖口
隱約可以窺見的手鍊。
Van Cleef & Arpels 的幸運草系列，
深黑色瑪瑙。
擦身而過的瞬間，
我的視線不自覺尾隨著她，
……好有型啊，忍不住讚嘆。
彷彿內心早已洞悉一切般地，
不須言語的強大力量。
期待有一天自己也能成為
能將黑色穿出這種氛圍的女人。

一方面也是時代流行，
總希望將黑色穿出可愛感。
只以些微的粉紅畫龍點睛。

*color:*Black 040

「黑色，加上一點點粉紅」的
夏季版黑色穿搭。

「黑色，加上一點點粉紅」的
夏季版黑色穿搭。

想像是走在巴黎街頭女子的黑色穿搭。

永遠不敗的造型。
黑色高領衫×黑色九分褲×風衣。

beige

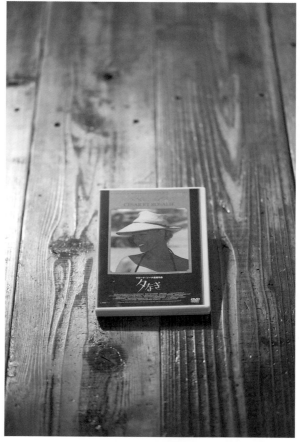

屬於成人的顏色。
有情調的色彩。

Beige：健康的優雅

即便是優雅，高貴，
我也想以大地色彩來表現。
以米色搭配古銅色的肌膚。
本身就帶有優雅氣質的顏色，
能夠襯托肌膚更顯層次感的乾燥風穿搭，
讓人看起來更加性感而有型。
這是我最鍾愛的平衡感。
適合豔陽天氣氛的造型。

裸杏色（Cocoa Beige）
也是我很喜愛的色調。
還有這個髮型，我超級喜歡！

米色總令人聯想到風衣。
風衣也可以穿出甜美的感覺。
這顏色就像是瑞士卷裡的鮮奶油，
看起來是不是很可口呀？

能夠針對女人的特色來搭配妝彩的彩妝師yoboon，
她的sense總讓我感動不已。
粉米色高跟鞋×一般的工作褲&條紋衫。彩妝走的是自然風。
這種感覺真是棒極了，我個人也超喜歡這張照片。
清透裸淨卻亮麗動人的肌膚感，令人心醉神迷。

很喜歡全身走休閒風、只在腳上搭配一雙裸色鞋所營造的平衡感。

b r o w n

咖啡香，
米蘭街頭，
夏天的藤籃。

Brown：豐盈

不知道為什麼，就是覺得棕色是夏天的顏色。
若是說剛才的米色屬於驕陽，那麼棕色就是…
樹蔭下的感覺。
　一種成熟女性的印象。
是不是會讓你聯想到
濃縮咖啡的香氣，
老店的木製櫃台，或者是
米蘭人的古銅色肌膚？
米蘭的夏天，在樹蔭下的露天咖啡座喝一杯咖啡。
無所事事，盡情放鬆，
就像棕色一樣。

開襟長版麻料襯衫
非常適合搭配棕色。
休閒風格的天生絕配。

拍攝「粉紅色」主題時的一景。
想強調成熟大人感，
於是加上一件棕色開襟衫。

散發著濃濃咖啡香的棕色穿搭。
拍攝當天可是個
烈日當空的大熱天呢……。

我也喜歡淺藍色×棕色的搭配。
很歐洲風的配色。

k h a k i

想展現「隨興」時。

Khaki：性感

我喜歡女人穿著男性化單品時的模樣。
尤其是大女生屏棄甜美、
換上男士風格的衣裝時，
其實是非常性感的。
渾身散發著不止是閒適的氣息，
還多了一股豐盈飽滿的風情。
也許是內在隨著年齡與日俱增的自信湧溢，
方才能匯聚成這般具有深度、
自然有型的色彩吧。

我自己私底下也經常將風衣
加上連帽外套的多層次穿搭。
活用不同色系變化的LOOK。

能將蓬鬆的軟裙
搭配得如此有個性，
正是卡其色的威力。

這件軍風外套
風靡了整個工作團隊，
陸陸續續有工作人員買進。

在惠比壽的花園廣場
頂著強風進行拍攝。
我的固定工作褲穿搭。

b l u e   天空，大海，風…
舒爽的空氣…
一種置身其中的fu。

Blue：開放感

卡布里島、薩丁尼亞島……亞德里亞海的天際
與海平面混合交織成的藍。
鮮活的藍色，
為何具有如此震撼人心的威力？
彷彿聽見了啁啾鳥鳴、小河低吟，感受到清風撫頰一般，
日常生活的負面思考一掃而空，雙肩壓力頓時輕鬆，
乍覺世界原來如此寬廣，如此神清氣爽。
一望無垠、悠遠遼闊的開放感。
偶爾會有一股將自己裹上藍色的欲望，
享受這美妙的時刻。
就像在內心揚起了一陣風，
讓心遠走高飛。

短大衣下隱約可見的針織衫。
無論如何都想提出這套配色，
於是找到了這件絕妙的寶藍。

以丹寧為主題的一個畫面。
略顯羞赧的開心笑容，
與這身穿搭恰如天生一對。

薩克斯藍（saxe blue）的
牛津襯衫是藍色單品中
我特別鍾情的一款。

第3年的連載模特兒、
拎著充滿清新魅力米色包包的直美,
渾身散發著知性美,
如今正在美國攻讀設計。
她經常來問我有關搭配或拍照的事情,
就正面來説,
她一點兒也不像個模特兒,
更像是從事幕後工作的創意人。
直美所有的照片中,我最喜歡這張。
不曉得她在紐約一切可好?

white

開始而非結束。

White：重置

隨興橫躺在剛洗好的麻料床單上的時候。

陽光普照的清晨，

推開窗戶大口深呼吸的時候。

所有一切都被清掃得乾乾淨淨，

統統重新來過。

將珍視的自己或習以為常的思考邏輯放手後、

煥然一新的心情。

放空之後，

又能再度為自己填上任何色彩。

挺起胸膛，今天也要出門去。

因為今日已不同於昨日，是嶄新的一天。

旅程，還要繼續呢。

柔軟蓬鬆的白裙
讓黑色包鞋顯得俏皮又可愛。

在連載的第一枚寫真。
搭配尚未形成風潮的短褲，
凸顯白襯衫更加亮麗生動。

所有工作人員都說
「完全就是小菊本人無誤」的一張照片。
的確，他們講的一點兒也沒錯。

溫潤的珍珠搭配帥氣造型的組合
新鮮感十足。
非常有人氣的一款穿搭。

拍攝時的內幕小花絮……

最初在《Marisol》連載、第一次拍攝時的第一張照片。這個以「我愛白色」為主題的單元，最令我欣喜的是企劃案及最喜歡的穿搭部分雙雙獲得了問卷調查的第一名。TINA 當時還是短髮。濃濃的新人羞澀感，真令人懷念呀。

可以看到地面的反光吧？拍攝連載時第一次碰到下雨，這是大家紛紛往隧道底下躲雨時拍下的照片。不過這場雨倒是額外增添了一股絕妙的氣氛。不愧是任何狀況都難不倒他的攝影師前田，攝影功力一流果真無庸置疑。

f i r s t   s h o o t i n g
與模特兒 TINA 首度合作的拍攝畫面

r a i n y   d a y
雨反而帶來意想不到的好效果，這就是攝影神奇的地方

April/2009

October/2009

May/2009

p e n
在青山下落不明的 montegrappa 筆（淚）

我超愛這支筆，沒料到外借進行連載的拍攝工作時卻不知道掉到哪裡去，我還跑回去找了老半天，還是沒找到。更慘的是，這一款自動鉛筆（我是自動鉛筆控）已經停產，真是難過死了。從此之後，我就只使用一般的普通筆了。

p u r c h a s e d   i t e m
想都沒想就買了的 Saint James 條紋衫

這張照片中的穿搭從外套到褲子都是我自己的單品。看著 TINA 將它們穿在身上，還是覺得「真的好可愛唷～（笑）」。拍攝結束後，我就把搭在內層的 Saint James 條紋衫買下來了。

拍攝現場發生的小插曲、愛用物品等等，
精選的幕後祕辛讓你有機會一窺造型師菊池京子最真實的的素顏。

當天一大早就進行拍攝，但為了這個畫
面，所有工作人員都打起精神，一直等
到傍晚時分。單元主題是「土耳其藍」。
雖然拍攝工作持續了一整天，能夠捕捉
到這麼迷人的畫面，一切都值得了。

s u n s e t
等到太陽西下終於完成、
我超愛的一張照片

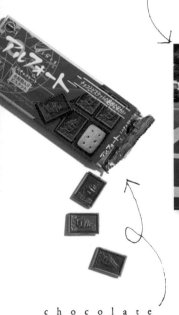

August/2009

c h o c o l a t e
拍攝現場一定要有的
零食

這是一大早很快就只剩下空袋、超受攝
影團隊喜愛的巧克力點心。甜甜的巧克
力配上鹹味的餅乾，滋味非常奧妙，最
能夠喚醒早起還呈現發呆狀態的頭腦與
身體。我也是甜點即王道的擁護者唷
（笑）。

n o t e b o o k
累積了在《Marisol》3 年來的
點點滴滴

記載了我的各種行程計劃及發想的祕密
筆記本，足足有 3 年份。只要一把它們
拿進宣傳會議室，就會有人突然問說
「那是什麼筆記！？」這不是什麼高級
品牌，真的就只是普通的筆記本啦。這
次將它們拍下來一看，沒想到還滿可愛
呢。

g r a y

 p i n k

n a v y

r e d

y e l l o w

p u r p l e

b l a c k

b e i g e

b r o w n

k h a k i

b l u e

w h i t e

more, more,

coordinate

登山外套的平日穿搭法。像外套一般地搭配就對了。

非常喜愛灰×米色的搭配。
輕盈的材質，穿在身上心情也會跟著飛起來吧。

在「最喜歡的搭配」部分榮登第一名寶座，真令人意外。
對我來説，這不過是最基本的穿搭。

這是以我個人私物拼湊出來的穿搭，全是去米蘭時帶的單品。
特地讓綢緞裙略微露出於長版上衣的下襬。

簡直就像是孩提時代玩的莉卡娃娃般的桃紅色。

將平日的丹寧褲換上粉米色長褲。

腦中想著：珍柏金（Jane Birkin）也會想要這樣穿吧？
一邊構思而成的穿搭！

在歐洲的某小島度假，走在夕陽西下的街頭露出古銅色肌膚，
身上若是這幅打扮， 那就太完美啦。

想起來有一次很想搭配有刺繡的開襟衫，於是四處搜尋。
最後終於在KEITA MARUYAMA找到很復古風的這一件。

連載時期拍攝以「圍巾」為主題時的穿搭。
以學生制服風格的正統大衣搭配丹寧迷你裙。

在白×黑×灰的組合中點綴海軍藍的小配件。
利用飾品協調視覺比例，即便是基本色也能穿出新鮮感。

藍條紋上衣搭配海軍藍的窄裙,只在腳上點綴色彩。
平凡卻可愛。

在不同色階的灰色調組合上大膽地搭配一件鮮紅色針織衫！
有時候就是想挑戰一下對色彩的極限。

感覺會出現在50年代法國電影中的穿搭。

紅×海軍藍的復古配色。
兩件式針織衫×九分褲都是很基本的單品，唯有在色彩上來場小冒險。

Vale×tra優雅的包包展現無敵的威力。整體造型是我個人永遠的最愛：
丹寧外套×白T恤× 九分褲。再添上一條紅色披巾，就是這幅風景了。

y e l l o w

92頁紅褲穿搭的黃色版本。
發想來源是賈姬，某次她在某地穿著白T恤搭配黃色褲裝，十分帥氣。

就像是把太陽穿在身上一樣，最適合走在陽光下。

畢竟不是那麼容易掌控的顏色，
利用較親民的兩件式針織衫×工作褲來鼓勵自己嘗試看看。

以時髦男子常穿的彩色襯衫搭配白色丹寧褲及便鞋。
女性這樣穿似乎顯得特別可愛呢。

只有包包是紫色的。
棕色與紫色的組合十分高貴。

紫色背心洋裝加上海軍藍披巾。
這兩個顏色放在一起有種間層效果，十分相襯。
簡直就像是好鄰居呀。

不將黑色穿得俐落、簡潔，而以最傳統的要素來呈現。

這是利用蕾絲來強調復古感。平日也能輕鬆做這樣的黑色打扮。

黑色×米色。大玩單品配對遊戲，
沒想到這個平常總是形象嚴謹的顏色也能顯得這般輕盈活潑！

Layered的提案。米色的登山外套同樣能輕鬆穿出高雅氣質。

由於米色能夠呈現出來的色彩感千變萬化，搭配時其實必須多用點心思。
這個提案是奶茶色的間層穿搭。特地選擇以皮靴來突顯整體的甜美風格。

不同材質的米色多層次穿搭。
綢緞、麂皮、毛巾布等數種面料，各自展現了自我的特質。

非常受歡迎的一款穿搭。
我自己也買了這件裙子。洋溢著法國女星的氛圍。

氛圍如同隔壁的造型。
經典不敗的黑色、白色及米色。

棕色就是有一股濃烈的米蘭人風情。適合冬季的穿搭。

夏季尾聲曬得一身古銅色肌膚時就這麼穿吧。

覆上白色針織衫，表情也變得溫柔了。夏天的棕色穿搭。

冬季的造型以成熟大人的運動風為主調。

能夠使人感受到強悍與「韻味」的卡其色，毫無疑問就是軍風外套。
提到「卡其色」，軍風外套是絕對不會被漏掉的單品之一。

卡其色皮裙自然而然就會想搭配白T恤。

一副根本就是打算去卡布里島度假的造型！
擦著乳液一邊做日光浴，身上是鮮豔的藍色泳裝。

絲綢背心及大海一般的裙子。

藍色也能夠穿得這麼復古。這是賈姬風的復古造型。

色彩這般鮮豔的藍，果然還是令人聯想到安娜・卡麗娜。
雖然紅色也令人想到安娜啦。如此嗆辣的藍，非她莫屬。

夏季的白長褲是我超級愛的固定單品。
搭配無袖襯衫，晚上有約會的日子也OK。

在度假村想去個好一點的餐廳之類的時候。
讓白襯衫換上休閒表情，添加一件休閒氣味濃厚的平織布連身裙，就更有氣氛了。

從白～灰的漸層搭配也是我相當喜愛的配色之一。

非常適合夏天的白裙。跳脫甜美風，以成熟的大人風貌呈現。
黑與白的固定穿搭。

白T恤與九分褲。
在平日的穿搭額外添上 V 領條紋滾邊背心之後的造型。

利用麻料的 V 領開襟襯衫增添一點小女人的味道，再搭配蕾絲裙。

在《Marisol》的 3 年時光

2009 年 4 月號無論是穿搭還是主題直衝第一名。
以下將摘要介紹曾經在《Marisol》雜誌深獲好評的頁面。

04/2009

連載第一期「我愛白色」。
與模特兒 TINA 命中註定的相遇。

開始連載時，為了契合《Marisol》的風格走向，跑了好幾家模特兒經紀公司尋找合適的新臉孔。TINA 其實是面試的最後一位。一身搖滾風格打扮的 TINA 雖然很年輕，卻散發著獨特的氣質。從此以後，我們合作了好長一段時間。

11/2009

髮型師 TAKE 提案的
捲髮造型相當俏皮可愛

商借了立教大學的校園拍攝而成的「GO！GO！丹寧褲」單元。由於拍攝地點是充滿古典氣息的校園，於是想以比較優雅、內斂的髮型來詮釋畫面。當初也曾經擔心這樣會不會太過頭，沒想到呈現的效果與 TINA 的氣質及穿搭本身所營造的氣氛不謀而合。

07/2010

顛覆《Marisol》編輯部常識（!?）
傳說中的主題

當時的《Marisol》讀者絕大多數屬於褲裝派，以裙裝為主體的穿搭基本上並不受歡迎已成為編輯部的常識。但我還是很想試試這種主題，於是提出了企劃案「蓬鬆柔軟的裙裝」，結果竟意外爆紅。我個人並不認為這是一場賭注啦，不過的確是跌破了編輯部的眼鏡。

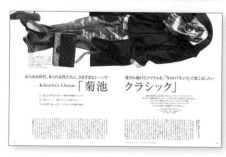

11/2010

自我挑戰的主題企劃
在《Marisol》的第二次大特集

這個跨頁的設計十分新潮，我非常喜歡。Grenfell的風衣搭配香奈兒的包包。內頁還安排了風衣＋高級訂製服品牌的穿搭。看到這行標題的友人外籍老公說：「原來菊池小姐的名字是古典！」怎麼可能啦（笑）。

03/2011

充滿責任編輯 I 小姐的
構思的最後企劃案

當年度連載的最後一集。2 年來擔任我
的責任編輯的 I 小姐決定即將卸任。
「因為菊池小姐總是穿的很可愛呀～」
因此一直到最後，她還是熱情地為我
PUSH 了這個連帽外套主題。裡面出現
了許多我私底下的穿搭。充滿深刻回憶
的一次拍攝工作。

09/2011

一邊構思跨頁的主題照片，
樂趣十足的一次連載

2011 年的連載，每月號我都是以自己
的房間為發想，搭配主題的氛圍來拍攝
首頁的照片。攝影師 John 徹底使出了
十八般武藝！每一次他都能巧妙地截取
當下的空氣感，整個拍攝過程十分愉
快。隔壁的衣物堆是模仿店家的展示方
式來到呈現。

11/2011

在《Marisol》的首次長篇訪談

做了好幾次的大型特集當中，不論企劃
案或頁數，這都是最盛大的一次。第一
次長篇訪談的攝影作業十分密集，首頁
照片則是在 BOTTEGA VENETA 拍攝
完成。至於這次的扉頁，編輯設計師藤
村也提出了好幾個版面構思。

03/2012

以開始而非結束的構想來製作
連載最終回

連續了 3 年連載的最後一集。以由這扇門
展開全新出發的概念，拍攝了這張照片。
長期以來，每一回的連載都獲得了讀者們
親切而溫暖的迴響，令人非常開心。在最
後一集中，採用了我個人穿搭時也經常運
用的珍珠為主角，並以王道這個主題，下
台一鞠躬。

希望能夠成為
令您心動的小小「契機」。

旅程，
還要繼續。

Kyoko Kikuchi
菊池京子

決定推出單行本後要做的第一件事，就是把將近三年份的連載與特集整理後以檔案夾分門別類。光是穿搭的部分就用掉了三本大型檔案夾。接著再和工作人員們從頭審查一次，想一想有什麼更好的重新編輯方式，突然腦中閃過「顏色」這個方法，心想這也許會挺有趣的。

以色彩及心情為突破點、重新將穿搭分類，才發現自己下意識搭配的諸多造型，透過色彩分類之後，果然找到許多共通的情緒或氛圍。參與流行的方法有許許多多，在本書中，我是以每個顏色為關鍵字，將我個人的感受與大家分享。每一天，當你想要呈現不一樣的氣息時，不妨翻翻這本書，找找靈感。

最後我要感謝所有的工作人員，以及購買本書的讀者們。有了你們，這本書才有存在的價值。想轉換心情、想要做自己、或者是遇到瓶頸時⋯⋯在人生路上的諸多瞬間，這本書若能有幸成為你的某次「契機」，將是我最大的榮幸。

Shop List

協助拍攝店家一覽表
本書中的照片是由 2009 年 4 月號～ 2012 年 7 月號的《Marisol》連載內容集結而成。
除了少部分商品，目前大部分商品已經不再販售，敬請了解。
公司名稱及品牌名稱皆為 2012 年 10 月的資料，內容或許有可能變更。

ADORE
AHKAH couture maison
ANAYI
Bshop 二子玉川店
D.MALL 神宮前店
F.E.N.
F.O.B COOP 青山店
Gap 原宿旗艦店
MUJI 東京中城
SANYO SHOKAI（PAUL STUART）
SOULEIADO 自由之丘店
TASAKI
TOMORROWLAND
VF Brands Asia, Inc.
YOKO CHAN
Aa

IMI
ASPESI JAPAN
Anya Hindmarch Japan
L'Appartement DEUXIEME CLASSE 事業部
AMAN
Allureville
ANGLOBAL（MARGARET HOWELL）
ANGLOBAL SHOP 表參道
ANTEPRIMA JAPAN
IDEE SHOP 東京中城店
VULCANIZE LONDON
Valextra Japan
Whim Gazette 丸之內店
Whim Gazette LUMINE 新宿店
Woollen 商會
UNOAERRE JAPAN
Ä
AG JAPAN
ESTNATION
Heliopole 表參道
Office Vitalite
OPTICAL TAILOR CRADLE 青山店
Onward Kashiyama
CAITAC INTERNATIONAL
Kamei Proact
garage de L'appartement
Cartier
KITON
GALERIE VIE 丸之內店
銀座 KANEMATSU 6 丁目本店
Christian Louboutin Japan
KEITA MARUYAMA 青山
kate spade Japan
coronet（AQUILANO RIMONDI、AVATI、RARE）
CONVERSE information center
The North Face 原宿店
Safilo Japan
ZARA JAPAN
Chez toi 丸大樓店
CITIZENS of HUMANITY
SHIPS 有樂町店
CHANEL EYEWEAR 事業部
Chantecler 東京
昭和西川（mai）
Johnbull
SUPREMES INCORPORATED
sky visual works（Graphit Launch）
STRASBURGO
three dots 代官山 Adress 店
SLOWEAR JAPAN

清美堂真珠
SAINT JAMES 代官山店
TIE YOUR TIE
cerchi
DES PRES 丸之內店
DI CLASSE ／ AOI
Tiffany Eyewear 事業部
Tiffany & Co Japan, Inc.
Depeche Mode
Deuxieme Classe 青山店
Deuxieme Classe 丸之內店
DEUXIEME CLASSE L'allure
Drawer 青山店
Drawer 日本橋三越店
Drawer 丸之內店
Tod's Japan
DRESSTERIOR 神南本店
DRESSTERIOR 丸之內沙龍
DRESSTERIOR 六本木
Très Très 青山店
Knights Bridge International
（Old England、Harrods）
日本 ROLEX
Barneys New York 銀座店
Barneys New York 新宿店
Burberry Eyewear
Burberry International
Burberry 表參道
HIGH BRIDGE INTERNATIONAL
Banana Republic
PAPILLONNER 銀座
hum 伊勢丹新宿本店
Balata
Bally Japan
HOLLYWOOD RANCH MARKET
BEARDSLEY 自由之丘店
PEAKS
beautiful people 青山店
FABIO RUSCONI 大阪店
FABIO RUSCONI 六本木店
FED & BEYOND
BUTTERO TOKYO
FRANQUEENSENSE 青山本店
FLEX FIRM
平和堂貿易
MASTER-PIECE SHOW ROOM
MACKINTOSH JAPAN
MARCOLIN JAPAN
MIKIMOTO
MIRARI JAPAN（PRADA、MIU MIU、Ray-Ban）
MAIDEN COMPANY
八木通商
YAMATWO
UNITED ARROWS 原宿本店 Women's 館
LAND OF TOMORROW 丸之內店
Levi Strauss Japan
Lea Mills Agency
LIU JO 日本橋高島屋店
THE RERACS
LINK THEORY JAPAN
LOOK Boutique 事業部
RENOWN PRESSPORT
Reminence 東京
Longchamp Japan
Ron Herman
Wand Corporation

日本時尚總監／菊池京子

從實用的基本造型到走在時代尖端的時尚穿搭，運用千變萬化的造型技巧挖掘出日常生活服裝的極限魅力，是人氣極高的造型設計師。活躍於女性雜誌及各大廣告，發表的服裝單品很快就陸續銷售一空。專門公開自己私底下穿搭的網站「K.K closet」也十分受歡迎。http://kk-closet.com

譯者／陳怡君

淡江大學日文系畢業，專職譯者。譯有《結婚一年級生》《想要開始去爬山1～2》《一個人去旅行1～2》等。
翻譯作品集：http://ejean006.blogspot.com

Staff list
封面攝影／John Chan
採訪‧撰文／岡崎直子
設計／藤村設計事務所
內文攝影／John Chan P.6、12、20、26、30、34、38、44、56、62、68、74～75、78～123
前田 晃　P.8～9、11、14～17、19、22～25、28～29、33、36～37、40～41、43、46～49、52～55、58、60～61、64～66、70～71、73
平井敬治 P.10、18、59
野口貴司（San Drago）P.32　曾根將樹（PEACE MONKEY）P.42、67、72　Massi Ninni　Francesco Dolfo

髮型＆彩妝／yoboon（coccina）TAKE for DADA CuBiC（3rd）小林 懸（glams）KINUKO OSSAMU（image）
模特兒／TINA　內田 NANA　Sundberg 直美

討論區 011

穿顏色：
日本時尚總監教妳最IN穿搭配色學
菊池京子◎著
陳怡君◎譯

出版者：大田出版有限公司
台北市 10445 中山北路二段 26 巷 2 號 2 樓
E-mail：titan3@ms22.hinet.net　http：//www.titan3.com.tw
編輯部專線：（02）25621383　傳真：（02）25818761
【如果您對本書或本出版公司有任何意見，歡迎來電】
法律顧問：陳思成 律師

總編輯：莊培園
副總編輯：蔡鳳儀
編輯：陳映璇
行銷企劃：高芸珮
行銷編輯：翁于庭
校對：陳怡君／蔡鳳儀
手寫字：陳慧如
初版：2014 年（民 103）七月三十日 定價：280 元
三刷：2018 年（民 107）八月十日

總經銷：知己圖書股份有限公司
台北公司：106 台北市大安區辛亥路一段 30 號 9 樓
TEL：02-23672044／23672047　FAX：02-23635741
台中公司：407 台中市西屯區工業 30 路 1 號 1 樓
TEL：04-23595819　FAX：04-23595493
E-mail：service@morningstar.com.tw
網路書店 http://www.morningstar.com.tw
讀者專線 04-23595819 # 230
郵政劃撥 15060393（知己圖書股份有限公司）
印刷：上好印刷股份有限公司

colors：Stylist Kyoko Kikuchi 12shoku No Fashion File by Kyoko Kikuchi
Copyright © 2012 by Kyoko Kikuchi
All rights reserved.
First published in Japan in 2012 by SHUEISHA In ., Tokyo.
Complex Chinese translation rights in Taiwan, Hong Kong, Macau arranged by SHUEISHA Inc.
through Owls Agency Inc., Tokyo.
國際書碼：978-986-179-336-8　CIP：423.23/103008047
版權所有　翻印必究
如有破損或裝訂錯誤，請寄回本公司更換

填寫線上回函 ❤
送小禮物